L'ART

DE DÉTRUIRE

LES PUNAISES,

LES PUCES,

ET AUTRES INSECTES QUI S'ATTACHENT
A LA PEAU

Suivi de recettes pour en débarrasser ou en
préserver, les Chevaux, les Chiens, les
Bœufs, les Moutons, les Porcs, la Volaille, etc.

RECUEILLIES ET MISES EN ORDRE

PAR P. DOUBLET.

PRIX : 1 FRANC.

A PARIS,

Au Bureau de la Bibliothèque du Cultivateur et du
Propriétaire rural, rue du Coq-St-Honoré, N° 11.

1828.

TABLEAU

Militaires du Royaume de

INDIQUANT

ux, les Départements qui les composent, leurs Chefs-

et les numéros des cartes de l'Atlas.

rtiers G.ªᵘˣ	Départements	Chefs-lieux	N.ᵒˢ	Quartiers G
	ARDÈCHE	Privas.	73	16ᵉ Div.ᵒⁿ
	GARD	Nismes.	74	*LILLE*
ᵉ Div.ᵒⁿ	LOZÈRE	Mende.	72	17ᵉ Div.ᵒⁿ
TPELLIER	HÉRAULT	Montpellier.	75	*BASTIA*
	TARN	Alby.	77	
	AVEYRON	Rodez.	66	
	AUDE	Carcassonne.	76	18ᵉ Div.ᵒⁿ
	PYRÉNÉES-ORIENT	Perpignan.	84	*DIJON*

L'ART

DE DÉTRUIRE

LES PUNAISES, ETC.

IMPRIMERIE DE GŒTSCHY, RUE LOUIS-LE-GRAND, N° 27.

L'ART

DE DÉTRUIRE

LES PUNAISES,

LES PUCES,

ET AUTRES INSECTES QUI S'ATTACHENT
A LA PEAU,

Suivi de recettes pour en débarrasser ou en
préserver, les Chevaux, les Chiens, les
Bœufs, les Moutons, les Porcs, les Oiseaux de
basse-cour, etc.

RECUEILLIES ET MISES EN ORDRE

PAR P. DOUBLET.

———

A PARIS,

Au Bureau de la Bibliothèque du Cultivateur et du
Propriétaire rural, rue du Coq-St-Honoré, N° 11.

1828.

PRÉFACE.

Il y a peu de villes en Europe où les Punaises soient aussi multipliées qu'à Paris, et même il est peu de villes, de villages, de châteaux et de fermes où elles n'aient établi leur domicile et où elles ne portent le dégoût qu'elles inspirent et l'insomnie qui les accompagne.

On prétend qu'elles étaient inconnues en Europe avant l'ère chrétienne
et que l'Angleterre ignorait en quelque
sorte leur existence en 1670 : quoiqu'il en soit, elles sont partout aujourd'hui, et il n'est pas de petit propriétaire, de fermier, qui n'en infecte sa
rustique demeure, en la garnissant de
meubles qu'il va se procurer à la ville.
C'est donc tendre à un but utile que
de réunir et de publier tous les moyens
à l'aide desquels on peut détruire les
Punaises

Comme cet ouvrage est autant
destiné aux habitans des campagnes

qu'à ceux des villes, nous croyons devoir y joindre quelques avis pour éloigner les puces, et les recettes qu'on doit employer pour détruire les poux et en préserver les chevaux, les bestiaux, les porcs, etc. etc.

L'ART

DE DÉTRUIRE

LES PUNAISES,

LES PUCES,

ET AUTRES INSECTES QUI S'ATTACHENT À LA PEAU.

DES PUNAISES.

On distingue plusieurs espèces de punaises : la plus commune et la plus redoutée est la punaise de lit. Elle a à-peu-près la forme et la grosseur d'une petite lentille, est molle, plate, de couleur roussâtre, facile à écraser. Elle est armée d'une trompe recourbée en-dessous et d'un aiguillon en fer-de-lance, trois fois renflé, trois fois rétréci et terminé en pointe. Elle laisse des traces brûlantes en passant sur la peau et affecte désagréablement l'odorat ; c'est le résultat d'une humeur propre à cet insecte et qui le distingue de tous les autres.

La punaise-mouche, pique aussi très-fort avec une grosse trompe courbée en arc et réfléchie en dessous. On la voit quelquefois dans les maisons; elle est avide des autres insectes, même des punaises de lit.

La punaise-mouche à pattes rouges, qui habite les bois, a une trompe plus forte encore, plus longue et plus pointue que dans l'espèce précédente; aussi sa piqûre est-elle très-vive.

Les punaises domestiques ou des lits fuient la lumière; elles se tiennent cachées pendant le jour, mais dès que l'obscurité règne et qu'elles sentent une proie, elles quittent leur retraite et viennent s'abreuver de sang. Le visage, le cou et les parties du corps où la peau se trouve douce et fine, obtiennent la préférence, et, chose remarquable, il est quelques personnes qu'elles daignent à peine attaquer.

Nul insecte n'est, je crois, plus fécond que la punaise; il pullule, dit Buchoz, dans les vieux bâtimens, dans les endroits qui avoisinent les poulaillers, les colombiers, les cages de caille et les fours. On en voit ordinairement beaucoup dans les vieilles solives des maisons, dans les lits, surtout dans ceux qui sont construits de bois de sapin, garnis de vieilles paillasses, etc., en un mot, les vieux murs, les vieilles cloisons, les vieux meubles, même les vieux livres, lui offrent des retraites de son goût et d'où il est difficile de le chasser. On a remarqué que les chambres élevées, les lieux secs exposés au midi, sont surtout favorables à sa multiplication.

La destruction des punaises est depuis long-temps le but qu'on s'est proposé dans une multitude de recettes et secrets dont un grand nombre sont inéficaces. Nous allons successivement exposer les moyens qui paraissent avoir obtenus le plus de succès.

Quand un appartement est habité par des punaises, on se contente souvent de gratter les murailles, de les laver à l'eau de chaux, de les enduire d'une légère couche de peinture ou de les couvrir avec du papier. On reconnaît bientôt l'insuffisance de ce nétoyage qui ne peut être utile que si on prend la précaution suivante :

Il faut visiter avec soin toutes les boiseries et murailles, mettre dans tous les trous, fentes, jointures, un peu de poussière de camphre et d'essence de thérébentine et boucher ensuite avec un mastic ainsi composé : faites dissoudre un peu d'essence de thérébentine dans de l'esprit de vin et manipulez avec de l'ail et du blanc d'Espagne.

Il ne suffit pas de purger une chambre de ces puans insectes, il faut encore les déloger des meubles où ils se réfugient; si les bois de lits sont en bois ordinaire, démontez-les, avez-les, et surtout les mortaises, à l'eau bouillante et revêtez-les ensuite d'une couche de vernis. Si les meubles sont d'un bois qui ne peut supporter cette lessive, nétoyez-les complètement avec une petite éponge ou un pinceau trempé dans l'essence de thérébentine.

La propreté, dit M. Amoreux, est le premier moyen qu'on doit employer pour se préserver de ces vilains insectes. Pour ce qui est de les chasser et de les faire périr, je ne dirai point comme un homme qui voulait vendre son secret, qu'il faut les écraser; mais on arrosera l'appartement, et on lavera le chalit avec la décoction des feuilles de noyer ou de brou de noix vertes. On les frottera avec l'huile ou l'esprit de térében-

thine ou avec la solution de vitriol. Il y en
a qui emploient le suc de limon. On passera
sur les murs un léger enduit de chaux éteinte
dans une eau alunée, et on l'appliquera à
chaud. On a recommandé aussi plusieurs
plantes : le tabac, la lavande, la menthe,
le *lepidium*, l'herbe-à-Robert, *actœa cimi-
fuga*, etc.; tant de choses recommandées
prouvent que peu ont un plein succès. L'onguent napolitain ou onguent gris mercuriel
est, à ce que je crois, le plus efficace. On
essayera jusqu'à ce qu'on trouve le plus sûr
moyen; car on ne peut rester dans l'inaction
à cet égard, à moins d'avoir la peau et l'o-
dorat insensibles, ou le sommeil d'une mar-
mote.

Voici ce qu'on lit sur cet insecte dans
l'estimable Dictionnaire de l'abbé Rozier:

« Ces insectes fuient le grand jour, crai-
gnent la lumière, et se retirent dans les gerçures, les fentes des bois de lits, dans les plis
des coins des matelats, traversins, paillasses,
dans les trous des murs faits en mortier ou
en plâtre; ils préfèrent ces derniers, qu'ils
abandonnent de préférence pour les séparations en bois. On dit mal à-propos que le
plâtre les engendre, parce que souvent on

en trouve dans des appartemens replâtrés
de nouveau, et où, depuis long-temps, l'on
n'a pas couché. Avant d'avancer un tel fait
comme positif, il faudrait s'être auparavant
assuré, 1° que les punaises n'y ont pas pé-
nétré en venant de l'étage supérieur ou infé-
rieur, ou à travers les cloisons et séparations
des chambres voisines; 2° si les œufs n'ont
pas éclos sous la légère couche de plâtre qui
les recouvrait. J'ai été témoin que les petits
qui en sortaient, perçaient cette couche
mince, et qu'ils perçaient également deux
feuilles de papier de tapisserie collées l'une
sur l'autre. Le plâtre ni la chaux n'engen-
drent point ces insectes, qui multiplient beaucoup et font des œufs très-petits. Il faut les
examiner de bien près pour qu'ils n'échap-
pent pas à la vue. On dit encore que les vernis tuent ces insectes, cela est vrai lorsqu'ils
les touchent, qu'ils font périr les œufs; cela
peut être pour certains vernis, mais je sais
par expérience que les vernis communs ne
les font pas périr. Au contraire, ils les tiennent à l'abri du contact de l'air; mais lorsqu'un an, deux ans ou trois ans après, ce
vernis éclate, s'écaille, l'insecte éclot.

» Les voyageurs s'imaginent se mettre dans

les auberges à l'abri de l'importunité de ces
insectes, en tirant les matelats de leur lit au
milieu de la chambre. Si ces matelats n'en
renferment point, ils sont en sûreté de ce
côté-là, mais les punaises nichées dans les
murs, grimpent jusqu'au plancher, le sui-
vent de solive en solive, et, attirées par l'o-
deur de la transpiration de la personne qui
dort, elles arrivent jusqu'au point du plancher qui correspond, perpendiculairement,
sur le visage ou sur telle partie du corps du
dormeur, qui est découverte, elles se laissent
tomber sur lui, ainsi la précaution devient
inutile. La seule ressource dans cette cir-
constance, est d'ouvrir tous les rideaux du
lit, et de mettre chaque côté une ou deux
bougies, chandelles, ou lampes allumées. La
clarté de la lumière les empêchera de sortir
de la cachette où elles sont nichées.

Il est constant que les punaises peuvent
subsister très long-temps sans nourriture,
puisqu'on en trouve de vivantes dans des
maisons qui ne sont pas habitées depuis une,
deux, et même trois années. Alors leur corps
est presque diaphane, leur force faible et
languissante. Mais, comme la faim n'a point
de lois, la plus vigoureuse mange la plus fai-

ble, et les araignées en détruisent beaucoup.
Cependant dans cet état de langueur, elles
s'accouplent et déposent un très-grand nombre d'œufs qui germent dans la même saison
ou au printemps suivant, s'ils ont été pondus
près de la fin de l'été ou au commencement
de l'automne. Plus on approche des provinces
du midi, et plus la génération se multiplie.

» L'expérience a démontré que les odeurs
fortes éloignaient les punaises. Aussi l'on a
proposé avec enthousiasme les plantes de
rhue, d'hyèble ou petit sureau, la serpen-
taire, le larruve, etc. : ce remède n'est que
palliatif, et quand, dans la réalité, elles
éloigneraient les punaises, ce ne serait que
pour autant de temps que l'odeur subsiste-
rait, et elles reviendront bientôt après; mais
il est démontré que ces odeurs puantes n'ont
aucune action sur les œufs... On sait avec
quelle activité les émanations mercurielles
agissent sur les insectes; dès-lors on a proposé de frotter les coins des matelats, des
paillasses, les jointures des bois de lit avec
de l'*onguent napolitain*. Quand même ces
opérations produiraient l'effet qu'on dé-
sire sur les insectes, il est visible qu'elles se-
raient dangereuses pour ceux qui couche.

raient dans ces lits. On a vu souvent la
salivation en être la suite. L'on doit conclure
de la multitude de recettes qu'on a publiées
à ce sujet, qu'aucune n'a une efficacité bien
décidée sur l'insecte, sans être dangereuse à
l'homme qui couche dans un tel lit. Les her-
bes à odeur forte, ont le désavantage de puer
horriblement et de vicier l'air atmosphéri-
que que l'on respire. Si on admet que les
odeurs fortes éloignent les punaises, il est
clair que dans les villes elles passeront d'un
appartement ou d'un étage à l'autre, ainsi
le voisin sera incommodé. Il faudrait que
tous les habitans d'un quartier isolé dans une
ville fissent au même jour, à la même heure,
et pendant un temps déterminé, la même
opération, ce qui est moralement impossible.
On les chasserait alors jusque dans les greniers, et des greniers sous les tuiles, d'où
elles descendraient quand la mauvaise odeur
serait passée.

Le grand remède est l'*extrême propreté*, et
pratiquée sans relâche. On doit commencer
par démonter les lits, en passer les bois et
toutes leurs parties à l'*eau bouillante*, qui
agit également sur les œufs et sur les insectes; faire la même opération aux rideaux du

lit : enfin, avec une éponge imbibée de cette eau bouillante, frotter les murs, faire entrer l'eau dans leurs trous, dans leurs crevasses, et s'assurer que toute la circonférence a été bien arrosée : la chose n'est pas aussi facile pour les planchers ; la seringue seule peut réussir et faire pénétrer l'eau bouillante dans les gerçures du bois. On ne couchera dans cet appartement que plusieurs jours après, lorsque l'on sera bien assuré que toute l'humidité, suite de l'opération, a été entièrement évaporée. Si après un certain laps de temps les punaises reparaissent encore, on recommencera l'opération autant de fois qu'il sera nécessaire.

» Le peuple se sert avec succès de *claies d'osier* qu'il place derrière le chevet du lit. Je désirerais que les claies environnassent le lit, et qu'elles ne touchassent ni aux rideaux, ni aux murs ; l'insecte se retire à la pointe du jour, et il cherche la retraite la plus prochaine, et où il est le plus commodément. Si on veut les attirer encore mieux dans ces claies, il suffit d'en écraser une ou deux sur chacune, et l'odeur déterminera le choix dans leur retraite. Chaque jour le domestique enlève les claies, les secoue sur

le plancher ou dans la cour, les punaises
tombent et il les tue. Mais comme la punaise
dépose souvent ses œufs dans ces claies, il
est à propos de temps à autre de les passer
à l'eau bouillante. C'est par ces soins sans
cesse répétés que l'on parviendra à détruire
un animal aussi fatiguant et dont l'odeur est
aussi révoltante. »

Recettes indiquées par divers auteurs.

— On peut laver les meubles, les boiseries,
les murs, avec une eau dont voici la recette:
son emploi a été fort souvent efficace, mais
il ne faut s'en servir qu'avec prudence, à
cause du sublimé corrosif qui entre dans sa
composition :

1/2 once d'essence de térébenthine et 2 gros
de sublimé-corrosif dissous dans l'esprit de
vin;

1/2 once de camphre.

Le tout bien dissout; jetez dans une pinte
d'eau distillée ou de puits, et remuez fortement avant et pendant son emploi.

— Mettez, dans un réchaud plein de
charbons allumés, une demi-once de *galba-
num* et autant d'*assa fœtida*, après avoir
lavé les couvertures, les matelats, les som-

miers ou paillasses, et, jusqu'aux barres du lit; vous tiendrez votre chambre bien close, ayant soin de boucher même avec un drap, l'ouverture de la cheminée. Vous ferez cette opération le matin pour n'ouvrir la chambre que le soir à l'instant où vous voulez vous coucher, et il y a toute probabilité que vous dormirez en repos. Une once de ces drogues suffit pour la fumigation de deux lits ou de deux chambres. De peur qu'il ne se soit échappé quelques insectes, on réitère l'opération : le temps le plus propre à la faire est celui des grandes chaleurs (1).

— On prétend que la vapeur du soufre fait périr les punaises. On met un peu de soufre dans un vaisseau de terre ou de fer, et après l'avoir placé au milieu de l'appartement, on y met le feu, ayant préalablement le soin de fermer exactement toutes les portes et fenêtres, afin que la vapeur se concentre et ne puisse se dissiper.

— Quelques personnes font dissoudre du

(1) Cette recette, essayée plusieurs fois, a offert des résultats bien douteux, et elle a en outre l'inconvénient de donner aux meubles une odeur très-désagréable.

mercure dans de l'esprit de nitre sur un réchaud placé au milieu de la chambre; le mercure et l'esprit de nitre s'évaporant, leur effet est certain : aucun insecte n'y résiste; mais ce moyen est fort dangereux; l'esprit de nitre nuit aux meubles, et si on habite trop promptement l'appartement, sans l'avoir laissé suffisamment purifier par un air nouveau, le mercure peut attaquer la santé. Cependant ce remède est d'un secours prompt, et ne doit pas être négligé pour purger de tout insecte un appartement vide, et qu'on se propose d'habiter.

(— On prend une once de vif-argent et les blancs de cinq ou six œufs; on mêle et on bat bien le tout ensemble dans un plat de bois, avec une brosse ou un balai, jusqu'à ce que les globules de vif-argent ne puissent plus s'apercevoir on démonte les bois de lit, on en prend les pièces les unes après les autres; on les brosse bien pour en enlever toute la poussière et les saletés, sans les laver; ensuite on frotte toutes les jointures et les fentes avec cette composition, et on les laisse sécher. Dès la première application, les punaises seront détruites entièrement; mais s'il en échappait quelques-unes, une seconde friction ne manquerait pas de completter l'effet désiré.

— Une recette très-bonne pour détruire les punaises, est la suivante : Prenez sel ammoniac, une livre; alkali ou potasse, une livre et demie; chaux vive, une demi-livre; vert-de-gris commun, un quart de livre; pulvérisez chacun de ces ingrédiens separément; mêlez-les promptement dans un grand mortier de pierre; mettez-les ensuite dans un petit alambic de cuivre, versez-y une pinte de bonne eau-de-vie; après avoir mis le chapiteau, luttez-le avec une vessie mouillée que vous entortillerez avec de la ficelle; distillez lentement à travers un vaisseau rempli d'eau fraîche; garnissez encore avec de la vessie mouillée l'endroit où le tuyau passe dans les récipients. Pour verser ce que vous aurez retiré par la distillation, apprêtez une bouteille, où vous aurez mis du vert-de-gris crystallisé, réduit en poudre très-fine; remuez votre liqueur jusqu'à ce que le vert-de-gris soit entièrement dissous (1). Pour faire usage de cette liqueur, servez-vous d'une

(1) Ne peut-il pas être dangereux d'employer ainsi un poison qui peut être respiré ou avalé ?

seringue dont le canon soit fort mince, afin que vous puissiez en injecter jusques dans les plus petites crevasses : non-seulement, les insectes périront, mais les œufs auront subi un desséchement qui empêchera de nouveaux insectes d'éclore.

— Un moyen efficace pour détruire les punaises est de prendre une chopine d'esprit de vin rectifié et bien déphlegmé et autant d'huile nouvellement distillée, ou de l'esprit de térébenthine ; on les mêle bien ensemble, et on ajoute une demi-once de camphre cassé par petits morceaux, qui ne s'y dissoudra qu'au bout de quelques minutes : remuez bien le tout, trempez-y une éponge ou une brosse et frottez tous les endroits du lit où il y aura des punaises.

— Prenez du suc d'absinthe et de vieille huile d'olive, faites-les cuire ensemble jusqu'à la dissolution du suc ; ajoutez-y du soufre vif et frottez vos lits et tous les endroits qui servent de retraite aux punaises.

— On assure qu'on fait périr les punaises en arrosant les appartemens avec une décoction de chaussetrape ou de persicaire, de coloquinte, de ronces et de feuilles de choux; cette recette nous paraît bien douteuse.

— On donne comme spécifique contre les punaises l'huile d'aspic, ou l'huile de poisson; on en frotte les endroits où ces insectes habitent. L'huile de chenevis, mêlée avec du fiel de bœuf, passe pareillement pour avoir cette vertu.

— On prétend qu'en frottant les bois de lit avec du jus de citron pourri, ou avec de vieux concombre qu'on laisse pourrir pour avoir de la graine, on fait mourir les punaises.

— On recommande encore de laver les bois du lit avec un mélange de vinaigre fort et de fiel de bœuf, et de mettre de la grande-consoude sous son chevet.

— Prenez des noix de cyprès; concassez-les, mettez-les ensuite infuser dans de l'huile; laissez ce mélange au soleil et au serin pendant vingt-quatre heures; et après avoir tiré l'huile à clair et bien exprimé le suc des noix, frottez-en les bois du lit.

— On dit pareillement que la graisse de rôti fondue, la plus vieille qu'on peut trouver, est excellente pour frotter les endroits où se mettent les punaises. On vante également la colle de poisson cuite. La lie d'huile cuite et mélée avec du fiel de bœuf et de l'huile a aussi de nombreux partisans.

— Le continuateur de la matière médicale de Geoffroy, dit avoir employé quelquefois avec succès certaines feuilles rudes et épineuses, telle que la bourrache, la buglosse et surtout la grande consoude : on étend leurs feuilles sous le traversin ou oreiller, et le lendemain matin on y trouve les punaises comme exposées au milieu de; épines. M. Parmentier, ancien apothicaire-major de l'hôtel des Invalides, a publié quelques-unes de ses observations sur les moyens de détruire les punaises.

On a, dit-il, donné il y a quelque temps, comme une plante exterminatrice des punaises, le *thlaspi arvense*. Je m'en suis servi pour quelques endroits des infirmeries de l'hôtel des Invalides où les punaises sont assez communes, malgré la propreté qui y règne; mais elle n'a pas produit tout le succès auquel on s'attendait; le nombre des punaises a seulement diminué sans que la race en soit absolument détruite ou évadée.

M. Parmentier a eu ensuite recours à d'autres plantes de la même famille, telles que le cochlearia, le raifort, le passe-rage, etc.,

Il en a fait frotter les endroits soupçonnés de servir de retraite à ces insectes ; ils sont sortis en partie et ont pris la fuite. L'eau distillée des mêmes plantes a procuré un effet plus prompt et plus marqué. L'odeur violente de la ciguë a toujours eu un succès semblable. Il résulte donc qu'on peut attendre des résultats heureux de l'emploi de l'eau distillée de toutes les plantes fortes ou anti - scorbutiques. On a conseillé, pour rendre cette eau distillé plus active, de la mettre bouillir sur un réchaud, afin que sa vapeur pénètre dans les rideaux, draperies, oreillers, couvre-pieds, etc.

— Le frère Côme employait avec succès fumigations d'encens ou de tabac.

— Placez dans une chambre hermétiquement fermée, sur un réchaud de charbon bien enflammé, une poêle de fer dans laquelle vous mettrez deux onces de tabac à fumer, trois onces de soufre concassé et sur le tout un mauvais couvercle pour empêcher la flamme de monter. Dès que cette poêle est posée sur le brazier, retirez-vous et prenez les précautions nécessaires pour que la fumée ne puisse s'échapper. Au bout de 24 heures ou plus sûrement de 48, on né-

toiera et aérera la chambre, et de long-temps
les punaises n'y reparaîtront. Il est inutile
de dire que les étoffes et meubles doivent être
retirés.

— On a déjà dit que les feuilles de noyer
pouvaient être un préservatif assez bon. Une
décoction de jeunes noix vertes, ou de ces
mêmes feuilles peut donc être employée avec
espérance de succès.

— Faites bouillir une forte poignée d'her-
bes de coloquinte dans une forte eau de savon et joignez-y un peu d'huile d'absinthe;
arrosez avec cette eau les lieux où il y a des
punaises et on assure que les œufs même périront.

— Dans trois pintes d'eau tiède délayez
une livre de savon vert liquide et deux onces
d'huile d'aspic. Lavez tous les objets sus-
pects. La potasse procure, dit-on, un succès
plus assuré.

— Voici un vernis indiqué par Buchoz,
et dont nous rapportons la recette, quoique
son usage nous paraisse plus que douteux :
faites bouillir un lapin entier sans oter même
la peau, dans un chaudron, avec quantité
d'eau suffisante; il faut que le lapin se dis-
solve à force d'ébulition comme si on voulait

faire une colle de gants. On passe cette eau
à travers un gros linge et on le presse bien,
pour exprimer, s'il est possible, jusqu'aux
os de l'animal. On enduit de cette colle tous
les endroits où il y a des punaises.

— Placez une terrine pleine d'eau bouillante dans la pièce qu'on veut débarrasser
des punaises, versez-y cinq ou six gouttes
d'acide sulfurique rutilant et retirez-vous
promptement, ayez soin que toutes les issues
soient bien hermétiquement closes. En moins
d'une heure tous les insectes auront péri.

— Faites une teinture de cantharides avec
un once de bon alcool et deux gros de cantharides : laissez infuser à froid pendant
24 heures dans un vase de verre bien clos
et agitez de temps en temps. Avec un pinceau frottez tous les endroits qui servent de
retraite aux insectes.

— Procurez-vous de larges feuilles de
haricots bien fraîches et placez-les à l'envers
les unes près des autres tout le long du traversin, le plus près possible du bois de lit.
Lorsque les punaises viendront pour vous
piquer, elle s'embarrasseront dans la partie
cotonneuse des feuilles et ne pourront s'en

dépétrer. La grande consoude peu remplacer le haricot.

— Entourez pendant quelque temps votre lit de feuilles d'yèble fraîches, et vous verrez disparaître les punaises.

———

On vend chez plusieurs épiciers de Paris, diverses compositions propres, dit-on, à détruire les punaises; quelques-unes de ces compositions sont coûteuses sans être utiles, et nous nous bornerons à citer l'eau ou spécifique de M. *Faget*, qui se vend rue Croix-des-Petits-Champs, n° 46, et la pâte de M. Lepâtou (procédé Sarmate) qu'on trouve rue Montmartre, n° 16. M. Véron, passage des Petits-Pères, n° 9, vend, pour 4 francs, un spécifique qui agit au moyen d'une fumigation; enfin M. Briant, pharmacien, rue Saint-Denis, n° 154, se dit breveté par diverses administrations pour un remède infaillible.

DU POU.

On a de la répugnance à parler du pou, et néamoins c'est un des animaux les plus curieux à observer au microscope : peu d'insectes sont mieux armés pour vivre aux dépens et faire le supplice de ceux auxquels il s'attache.

Chaque animal a son pou. Redi s'appliqua à en faire la recherche; ses découvertes et ses figures ont illustré l'histoire de ce genre ignoble d'insecte. L'homme mal-propre et mal vêtu en nourrit de deux espèces; celui de la tête, *pediculus humanus*, qui est surtout familier aux enfans, et celui que les Italiens nomment *piattoni* et les Français..... c'est le *pediculus pubis* de Linnée.

Les esclaves d'Amérique qui vont nus-pieds sont exposés à la malignité d'une autre sorte de pou, qui est propre à ces contrées; c'est le *pediculus ricinoïdes*, nommé chique ou pou de Pharaon. Les Brésiliens ont leurs *tons*, et les Indiens leurs *ningas*, qui sont aussi des chiques. Cet insecte, qui rampe dans la poussière, s'attache aux pieds des passans, et fait pénétrer ses œufs dans la peau des malheureux, auxquels il survient des ulcères horribles, de difficile guérison, pires que des plaies envenimées. Ces accidens sont toujours causés par le peu de soin et la malpropreté; on les éviterait certainement avec un peu de précaution.

Néanmoins on ne pensera pas, qu'en Europe ce soit par malpropreté que des personnes riches et soigneuses aient été affligées d'une des plus hideuses maladies qui provient des poux, le *phtiriasis*; elle était chez elles une disposition cachectique particulière, qui favorise leur prodigieuse multiplication. On compte des personnages illustres par leur rang et par leur mérite qui en ont été atteints, et qui en sont morts. Tels furent, à ce que rapporte l'histoire, le roi Antiochus, le philosophe Phérécide, le dictateur Sylla, Hérode, Agrippa, Valère Maxime, Philippe II, roi d'Espagne, etc. On a vu, en France, des exemples remarquables de la maladie pédiculaire. L'empereur Arnould en mourut en 879. Foucquau, évêque de Noyon, fut dévoré en 955 par une si grande quantité de poux, qu'on fut obligé de le coudre dans un sac de cuir avant de l'enterrer. La même maladie fit périr le cardinal du Prat.

Le ravage que ces vilaines bêtes font entre cuir et chair est donc pire que le venin que d'autres introduisent dans nos corps. Les poux se trouvent si bien de vivre des humeurs animales, et de la matière de la sueur ou de la transpiration, qu'ils abandonnent les cadavres et même les agonisans.

Les évacuans et les dépuratifs, conjointement avec les mercuriaux ; *intus et extus*, sont les moyens auxquels il faut avoir recours pour dompter la maladie pédiculaire.

Nous laissons aux mères attentives le soin de garantir des poux leurs enfans; une extrême propreté et beaucoup de vigilance, voilà ce qu'il y a de mieux; nous les préviendrons contre l'emploi imprudent que quelques-unes font de remèdes nuisibles, dont nous avons reconnu plusieurs fois les suites fâcheuses. Les précipités mercuriels ont causé le vertige, la surdité, l'aliénation d'esprit à des personnes du sexe, que des coiffures affublantes avaient exposé à contracter des poux, et à les fomenter chaudement parmi la crasse de la poudre et de la pommade. L'onguent mercuriel mêlé avec la pommade à cheveux, serait également propre à tuer les poux; mais on doit en user avec précaution. On pourra se servir, dans un cas pressant, de la graine de persil en poudre, et couvrir le chef avec un bonnet trempé dans l'esprit de vin. On emploiera, sans inconvénient, la poudre de staphisaigre, celle dit graine du fusin ou bonnet de prêtre, de la cevadille ou poudre de capucin, de la branc-ursine. Si la tête de l'enfant était entamée, il faudrait couper la chevelure. Un des meilleurs procédés est d'imbiber la chevelure infectée avec de l'huile d'olive, de la laisser ainsi 4 à 5 heures et de laver ensuite avec du savon et de l'eau et de frotter ensuite avec un linge jusqu'à sécheresse complète.

Les Allemands se servent avec succès de la décoction du *lycopodium selago* pour laver la tête des enfans pouilleux; ils s'en servent aussi contre les poux des bestiaux. Le jus de colchique est aussi très-salutaire.

Je ne sais sur quel fondement les anciens auteurs ont avancé que les alimens doux engendraient des poux, et que les grands

mangeurs de figues, y étaient principalement sujets. J'aime autant qu'un autre les
figues et les choses douces ; je m'en serais
privé volontiers , si je m'étais jamais aperçu
qu'elles m'exposassent à avoir des poux.

Quand au pou de corps, la propreté et le
linge blanc est le seul préservatif et, on se
débarrasse du. . . . . . . (pou du pubis) avec
une légère friction d'onguent mercuriel,
vulgairement appelé onguent gris.

DES POUX DES BESTIAUX.

Rien de plus varié que les espèces de poux
dont le bétail est tourmenté ; les poux du
cheval diffèrent ordinairement de ceux du
bœuf ; la brebis en a de deux espèces ; les
uns gros et fort adhérens à la peau ; les
autres petits, rougeâtres et plus multipliés ;
la chèvre et le porc ont aussi chacun leur
espèce de pou.

Ces insectes établissent leur demeure entre les poils qui couvrent les tégumens du
bœuf, de la brebis, etc. Ils excitent une démangeaison qui oblige l'animal à se frotter ;
souvent les poils tombent dans les endroits
où ces insectes se multiplient le plus ;

comme dans la crinière du cheval, dans le toupet et le col du bœuf, et par tout le corps de la brebis. Il n'est pas rare de voir la gale, les dartres et les ulcères superficiels naître de telles morsures, surtout quand elles sont nombreuses et répétées depuis long-temps. La multitude de poux produit encore la maigreur, la faiblesse des organes musculaires et la diminution de l'appétit.

La malpropreté des écuries, la poussière retenue trop long-temps entre les poils, le défaut d'étriller le bœuf et le cheval, le long séjour dans les écuries, la mauvaise nourriture, le contact immédiat d'un animal affecté de poux, favorisent ordinairement la naissance et la multiplication de ces insectes; l'âne, la chèvre et le porc sont plus exposés que le cheval, le bœuf et la brebis.

Avant que d'entreprendre la cure des animaux attaqués de poux, séparez-les des animaux sains, mettez-les dans une écurie que vous aurez soin de tenir exactement propre, donnez-leur pour nourriture de la paille et du son, à laquelle vous mêlerez de la fleur de soufre à la dose de deux onces pour le cheval, le bœuf, et à proportion pour la brebis; ensuite parfumez deux fois par jour l'écurie avec quatre parties d'encens et une partie de cinabre, lavez les parties du corps où les poux se sont assemblés, avec une forte infusion de feuilles de tabac et de staphisaigre.

Si les parfums du cinabre et les lotions n'ont pas entièrement détruit les poux, employez pour le bœuf et le cheval l'onguent mercuriel en friction, et pour la brebis; une forte infusion de coloquinte ou de feuilles de tabac, tenant en solution quelques grains de sublimé corrosif, que vous verserez sur le dos de l'animal couvert de laine. Faites trois ou quatre frictions au bœuf et au cheval sur les parties affectées; vous laverez l'endroit couvert d'onguent mercuriel avec une forte infusion de feuilles de tabac dans l'eau-de-vie; vous laisserez deux jours d'intervalle entre chaque friction. Il faut que cet onguent soit composé de trois parties de graisse, et d'une partie de mercure, s'il était fait avec parties égales de mercure et de graisse, il serait capable d'exciter la salivation. Vous visiterez tous les jours la bouche et les glandes lymphatiques de la mâchoire; supposé que la bouche fût enflammée et les glandes engorgées, que l'ani-

mal salivât, que la déglutition fût inter-
rompue, mettez tout de suite en usage les
moyens indiqués en cas de gale.

N'oubliez pas d'étriller deux fois par jour
le bœuf et le cheval dans un endroit éloigné
de l'écurie, avant que de les envoyer dans
des pâturages fertiles en plantes aroma-
tiques; faites parquer les brebis malades
seules, dans un endroit sec et abondant en
plantes de même nature.

La chèvre et le porc éprouvent les effets
des remèdes ci-dessus indiqués, quoique
confinés pour l'ordinaire dans des écuries
exactement fermées et malpropres, où ils
sont abandonnés à la fureur de ces insectes.
—Les poux produisent fréquemment chez
les porcs la maladie pédiculaire: dans ce cas la
vermine fourmille dans toutes les parties du
corps, se fraye en rongeant un passage sous
la peau et sort par le nez, la bouche, les
yeux et même quelquefois avec les urines
et excrémens. Il est difficile, dans un tel état,
de sauver l'animal attaqué; cependant on
peut obtenir quelque succès en lui faisant
avaler 8 grammes d'éthiops minéral, mêlé
de 3 décagrammes 6 grammes de sel marin.
On doit alors bassiner les endroits vermineux.

avec un vinaigre arsenical composé de 2 ki-
logrammes de vinaigre, 1 kilogramme d'eau
et 3 décagram. 2 gram. d'arsenic bouilli ensemble jusqu'à la dissolution de l'arsenic. On
doit prendre les plus grandes précautions en
se servant de ce vinaigre, poison très-violent.

— Les chiens, surtout les barbets, ont
une espèce de poux qui les incommode
beaucoup; pour les en débarrasser, il faut
les laver fortement avec une décoction de
tabac. On peut aussi se servir d'une forte
eau de savon dans laquelle on mélange un
peu de mercure sublimé dans la proportion
de 25 grains par pinte. Après avoir employé
ces moyens, le chien doit être lavé une seconde fois, après un intervalle de quelques
heures, avec de l'eau fraîche.

— Les poules, les dindons, les pigeons
sont souvent tourmentés par des poux qui
les empêchent d'engraisser; on conseille
dans ce cas de les frotter avec de l'huile ou
du beurre; on pourrait encore employer
une décoction de staphisaigre et de cumin
dans du vin. Les poulaillers devront être
nétoyés avec une fumigation de soufre; mais
on n'y laissera rentrer la volaille que quand
la vapeur sulfurée sera dissipée.

DES PUCES.

Cet insecte domestique affectionne surtout l'homme, le chien et le cheval ; sa piqûre qui souvent trouble le sommeil le plus profond, laisse pour trace sur la peau un petit disque rouge, auquel succède un point noirâtre (1).

Ce qui rend surtout la puce importune, ce sont ses sauts multipliés qui la font échapper aux poursuites dont elle est l'objet : ces sauts lui sont facilités par ses pattes rendues flexibles par quatre ressorts et armées de deux crochets.

Les moyens de se débarasser des puces

(1) L'Amérique a une espèce de petite puce, nommée petite bête rouge (pulex penetrans), qui s'insinue dans les pieds des esclaves et des personnes qui ne se soignent pas, y dépose ses œufs et forme des ulcères sordides qui ne finissent quelquefois qu'avec la vie des malheureux. Ils causent la maladie malingre. On s'en délivre en se frottant avec du jus de citron ou avec du tafia.

sont nombreux : le plus certain est l'extrême propreté. Balayez souvent vos appartemens, secouez fréquemment le linge. Si le local le permet arrosez avec de l'eau et du vinaigre, ou avec une décoction de rhue, d'absynthe, de feuille de noyer, etc.

Madame Celnart prétend avoir été toujours préservée des visites importunes des puces en parsemant son lit de petales de roses; au défaut de ces dernières on pourra se servir d'essence de roses. On objectera qu'on risque de s'irriter les nerfs; mais en parfumant avec modération on pourra jouir de l'avantage sans craindre l'inconvénient.

On prétend qu'un sac plein de feuilles fraiches de pouliot est un excellent préservatif; on a aussi recommandé la tanaisie.

Les chiens et les chats sont les animaux auxquels les puces s'attachent avec le plus d'opiniâtreté; on les en débarasse en les lavant avec une eau dans laquelle on aura fait bouillir du tabac; l'eau claire de chaux, est aussi recommandée; quelques personnes sont arrivées au même but en frottant ces animaux avec une poignée d'absynthe qu'on avait préalablement fait infuser.

Buchoz cite un grand nombre de recettes

empruntées à divers auteurs ; mais elles sont aussi inutiles que ridicules et nous nous bornerons à ce que nous venons d'indiquer et qui sera toujours suivi du succès.

DES TIQUES, CIRONS, MITES-ROUGES, RICINS, ETC.

Ciron ou *Tique.* Insecte aptère, sans ailes, ordinairement très-petit. Il y en a qui vivent de substances animales et qui conséquemment se glissent dans les plaies, dans les pustules, etc ; d'autres rongent les substances végétales. La première s'attache à l'homme et aux animaux ; le mouton, le bœuf, le chien, etc., ont leur espèce particulière.

Les odeurs fortes ou pénétrantes les détruisent : c'est ainsi que la vapeur de soufre a toujours été employée avec succès pour les chasser des laines et vêtemens où ils s'étaient établis. Quant aux plaies une extrême propreté ne leur permet jamais d'y paraître. Le docteur Geoffroi dit : Le ciron attaque surtout les enfans, il se loge principalement à la paume des mains et à la plante des pieds où il forme des petites pustules accompagnées de démangeaisons; on recommande comme moyen curatif ou l'extraction au moyen d'une pointe d'aiguille ou des lotions avec une décoction amère comme celle du tabac ou de la rhubarbe.

On a prétendu que la galle était produite par une espèce de ciron et on lui attribue plusieurs autres maladies qu'on évitera toujours par la propreté.

Les *Ricins*, à-peu-près semblables aux poux, s'attachent aux oiseaux et aux chiens. On les chasse avec les mêmes procédés que les poux.

Les *Mites* s'attachent plus spécialement aux pigeons qu'aux autres volatiles; une extrême propreté du colombier, le fréquent renouvellement de la paille des nids sont les préservatifs les plus assurés. On doit rejetter les nids de bois et osier : ce sont des réceptacles qui les perpétuent indéfiniment. Pour les oiseaux de basse-cour on doit les en garantir en mettant à leur portée de l'eau propre où ils puissent se baigner et du sable fin dans lequel ils se roulent ensuite.

L'*Ixode Ricin*, sorte de tique s'attache aux chiens; il est d'un rouge de sang foncé.

L'*Ixode Réticulé*, autre espèce qui affectionne les bœufs et les chevaux, et dont la couleur est cendrée parsemée de points et lignes d'un brun rougeâtre. Quand ils sont en petite quantité on peut se borner à en faire la recherche. Sont-ils nombreux, il faut avec un petit pinceau les imbiber d'un peu d'essence de thérébentine ou d'huile dans laquelle on a broyé un peu de tabac.

Les *Léples* ou *Rougets*, mite rouge, sont extrêmement petites et d'une belle couleur rouge; elles se rendent importunes en automne. On les gagne dans les bois et les jardins; elles se logent dans la peau, à la racine des poils, et produisent une démangeaison semblable à celle de la gale. On s'en débarrasse en se lavant avec de l'eau et du vinaigre.

FIN.

TABLE DES MATIÈRES.

46

	Department	Chef-lieu	N°
Div.on **ROUEN**	EURE	Évreux.	8
	SOMME	Amiens.	5
	SEINE-INFER.	Rouen.	4
Div.on **CAEN**	ORNE	Alençon.	7
	CALVADOS	Caen.	5
	MANCHE	St Lo	6
Div.on **RENNES**	MORBIHAN	Vannes.	27
	ILLE ET VILAINE	Rennes.	24
	FINISTÈRE	Quimper.	26
	CÔTES DU NORD	St Brieux.	25
21e *Div.on* **BOURGES**	VIENNE	Poitiers.	48
Div.on **NANTES**	VENDÉE	Bourbon Vendée.	46
	DEUX-SÈVRES	Niort.	47
	LOIRE-INFER.	Nantes.	28
	CHARENTE-INFER.	la Rochelle.	55
20e *Div.on* **PÉRIGUEUX**	BASSES-PYRÉNÉES	Pau.	70
Div.on **BORDEAUX**	GIRONDE	Bordeaux.	62
	LANDES	Mont de Marsan.	67
	TARN ET GARONNE	Montauban.	78
	GERS	Auch.	68
LYON	HAUTES-PYRÉNÉES	Tarbes.	69